BRINGING BACK OUR TROPICAL FORESTS

走进热带森林

[美]卡萝尔·汉德(CAROL HAND) 著
成水平 鲍梦蓉 译

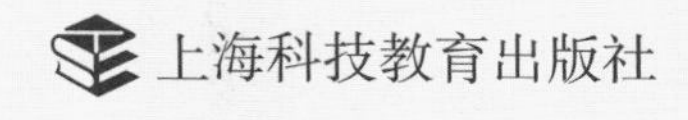

图书在版编目（CIP）数据

走进热带森林 /（美）卡萝尔·汉德（Carol Hand）著；成水平，鲍梦蓉译 . —上海：上海科技教育出版社，2020.4

（修复我们的地球）

书名原文：Bringing Back Our Tropical Forests

ISBN 978-7-5428-7170-1

Ⅰ . ①走… Ⅱ . ①卡… ②成… ③鲍… Ⅲ . ①热带林－青少年读物 Ⅳ . ① S718.54-49

中国版本图书馆 CIP 数据核字（2020）第 012048 号

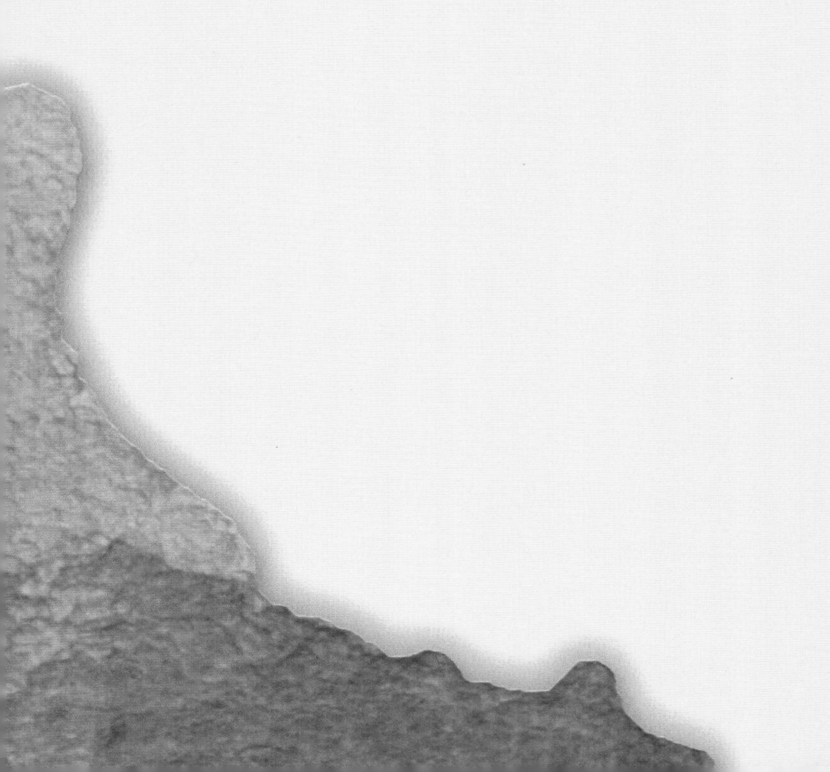

目 录

栖息在亚马孙雨林中的一些动物有着光鲜的色彩，如毒箭蛙。

第一章

巴西：雨林的一则成功案例

步入亚马孙雨林就如同进入了另一片天地。树木高耸入云，粗硕的板根在树基处伸展，支撑着它笔直的树干。最低矮的树枝也远远超过最高的人的头顶。雨林的林冠层遮挡住了大部分的阳光，因此这里十分阴凉。溪流蜿蜒，生机勃勃。这里到处是蕨类、香蕉树和凤梨科植物，还有鲜花和果实，藤蔓低垂至地面。色彩艳丽的鸟类在空中轻快掠过，猴子在树间叽叽喳喳地荡着秋千。五颜六色的蛙、蜥蜴和昆虫倏尔现身又转眼消失得无影无踪。幸运的人甚至能看到巨型森蚺缠绕在一根高高的枝干上，或是一头独行的美洲豹正跟踪它的猎物。这就是未受侵扰的亚马孙雨林。

如今的巴西早已安宁不再。小规模农业，或称为迁徙耕作，已成为

巴西亚马孙雨林在过去十年中的变化，以及它对减缓全球变暖的贡献，是前所未有的。

——鲍彻（Doug Boucher），伊莱亚斯（Pipa Elias），弗尔斯（Jordan Faires）和史密斯（Sharon Smith），《森林砍伐的成功案例》（*Deforestation Success Stories*）

热带地区世世代代惯行的农耕方式。农民们开垦小片土地短期耕作，然后长期荒置使其退回成森林。在这些精心耕作的地区，农作物和森林交替生长，既让热带地区的农民们能维持生计，也保持了雨林的高度生物多样性。然而，大约从 1960 年代起，巴西开始使用一种不可持续发展的小规模农业，通常被称为“刀耕火种农业”——这一术语暗示所有小规模农业都是不可持续的，因此一些人避而不用。工人们将雨林砍伐殆尽或焚毁，为牧牛场和大豆田开辟空间。如此高破坏性的做法将雨林置于毁灭之中。1979 年至 2005 年，超过 50 万平方千米的巴西雨林被摧毁——缩减的面积仅略小于得克萨斯州。1996 年到 2005 年间，巴西平均每年损失 1.94 万平方千米的热带雨林。然而从 2005 年起情况有了转机。巴西的滥伐森林行为并没有停止，但 2005 年到 2014 年森林砍伐量减少了 70%。到了 2013 年，森林砍伐造成的面积损失已经减少到每年 5840 平方千米。2005 年至 2010 年，巴西的温室气体释放量降低了 39%，这一削减量是有史以来最大的。

亚马孙雨林滥伐及其后果

亚马孙雨林横跨南美 8 个国家，但其面积的 60% 位于巴西境内。

巴西的大豆田侵占了大片亚马孙雨林。

热带雨林是地球抵抗全球变暖的最佳防御工具之一，因为比起其他任何土地生态系统，它能储存更多的碳。随着燃烧化石燃料向大气释放过量的二氧化碳，雨林的这一功能显得愈发重要。被砍伐的森林无法再吸收二氧化碳，导致碳水平的升高。代替雨林的农作物仅吸收雨林所吸收二氧化碳的很小一部分。另外，砍伐雨林还会释放其中储存的碳，从而加速气候变化。

直到 20 世纪中叶，亚马孙雨林滥伐一直是自给农业发展的副产品。农民们伐倒树木，为他们的家庭和村落换取放牧及种植用地。此后，大规模农业和工业被引入，树木倒下的速度越来越快。大型牧场、大豆田、矿山和城镇取代了成片的森林。人们建造了跨越亚马孙河的道路，砍伐和运送木材变得更加容易。到了 2000 年，超过四分之三的亚马孙雨林滥伐都归责于畜牧业。而巴西的森林滥伐率使其成为仅次于美国和中国的世界第三大温室气体产生国。

然而亚马孙雨林给予我们的远不止防止全球变暖这一点。热带森林通过水循环调控全球气候。树木将水分释放到大气中，在影响当地和地区气候的同时，也影响着中美洲和美国西部的降雨量。树木还能抑制空气污染。亚马孙雨林是地球上最大的生物多样性资源库，储存的物种数量约为地球上全部物种的 30%。它不只为当地居民，更是为全世界提供食品、药品和产品。因此，破坏雨林意味着这些产品在现在和未来的双重损失。亚马孙河航运是该地区的主要运输方式，而河中的鱼为该地区的人提供了大部分的蛋白质。

亚马孙雨林中的原住民部落

大约有 400 到 500 个原住民部落生活在亚马孙雨林深处。据估计，其中有 50 个部落与外界隔绝。最大的部落，图中的亚诺玛米人（the Yanomami），有大约 2.2 万人口。阿昆苏（the Akuntsu）部落在 2014 年只有 5 名成员。这些部落收获雨林中的食物，并种植包括香蕉、木瓜、玉米、豆类和阿萨伊浆果在内的农作物。这些部落间使用至少 180 种语言。所有的部落都受着雨林滥伐、战争、疾病、石油开采和毒品走私的威胁。一些保护区会保护原住民部落免受以上这些威胁。

许多的亚马孙原住民部落依赖雨林所提供的资源生存。当雨林被砍伐掉，他们将流离失所。

巴西开始重视森林滥伐

到 21 世纪初，巴西人开始认识到森林滥伐的严重后果。达席尔瓦（Luiz Inácio Lula da Silva）2002 年当选为巴西总统后，与环境部长席尔瓦（Marina Silva）共同实施了防止并打击亚马孙雨林滥伐计划。这个项目扩大了由巴西前任总统开始的对亚马孙雨林的保护。它建立了保护区，包括原住民的生存区，并实施法律禁止非法砍伐树木。

在达席尔瓦当选总统后的 3 年时间里，他减少贫困和饥饿的计划取得了巨大成功，这使得他很受人民拥戴，也改变了巴西人民对森林滥伐的态度。在他当选总统之前，人们认为砍伐雨林对于经济发展是必不可少的。在达席尔瓦的

保护雨林的割胶工人

割胶工人们从橡胶树上收集汁液。这是天然橡胶的唯一来源，而且割胶是一种可持续的取用方式。割胶工人们也自封为森林守护者。这些自发的森林守护者们会与那些寻找古老的、有价值且受保护的树木（如桃花心木）的犯罪团伙斗争。犯罪团伙的成员会在树上做记号，日后返回再砍伐走这些树木。他们大多把这些树出口到美国。割胶工兼雨林守护者贝卡科拉（Elizeu Berçacola）称这就是非法滥伐的开始。这些犯罪团伙使雨林变得稀疏，减少了生物多样性，还砍伐了孕育着果实的树木。割胶工人们冒着极大的危险在森林里巡逻。从 2005 年至 2015 年，有 16 人遇害身亡。贝卡科拉曾遭到枪击，而他的妻子儿女也因受威胁而离开了朗多尼亚州。

任期内，群众开始意识到滥伐雨林是对巴西资源的浪费性破坏。2008年，社会和环境组织共同发起了“零森林砍伐”运动，他们的合作伙伴有世界自然基金会等非政府环保组织。这项运动开始阻挡牛场和大豆农场的扩张，直接向这些行业和巴西政界施压，要求停止森林滥伐。

公民迫使企业采取行动，此后企业又会迫使政府采取行动。

——伊莱亚斯（Pipa Elias）

“零森林砍伐”运动的施压奏效了。2006年大豆产业受到一篇报道《吞噬亚马孙雨林》的挑战。报道提出某些跨国公司从对亚马孙雨林的滥伐中获得了巨额利润。世界大豆产业协会对此迅速作出回应，声明暂停对森林的滥伐行为，并承诺于2006年6月24日后不再购买砍伐亚马孙雨林所获土地上种植出的大豆。6年之后，卫星图显示了这一禁令的成功。一项在巴西马托格罗索州的研究表明，尽管2007年后大豆价格升至历史新高，雨林滥伐率仍保持超低水平——这表明即使不破坏雨林也可以获得利润。

2009年，非政府组织将目标转向了畜牧业。《结账时间到》和《屠宰下的亚马孙雨林》两篇报道描述了畜牧业在摧毁亚马孙雨林中所扮演角色。基于这两篇报道，非政府组织呼吁暂停雨林滥伐。牧场主们表示反对，但包括屠宰场、出口商、政府和为砍伐雨林提供资金的银行在内的其他组织同意了这一禁令。银行取消了为扩张牧场提供的贷款。连锁超市和屠宰场则同意不从仍在砍伐雨林的牧场主处购买产品。

大型农场需要大片被清伐的雨林土地来放牧，而牛群阻碍了雨林的再生。

这种暂停行为是自愿的，但有些地方出台了法律强制执行。畜牧业的转变比大豆产业缓慢得多，但雨林滥伐率已在下降，禁令正在取得进展。

2015 年，巴西总统罗塞夫（Dilma Rousseff）和美国总统奥巴马

（Barack Obama）达成了一项旨在应对气候变化的协议。此外，巴西同意了一项复林计划——恢复一片1200万公顷的森林，这个面积相当于一个宾夕法尼亚州。由于两国都在2016和2017年更换了政府团队，这份协议的未来不明，但它表明了巴西维护雨林的持久意愿。

巴西降低雨林滥伐率

巴西计划到2020年减少80%的雨林砍伐，并将此承诺写入了国家法律，使得这个计划有了一个强有力的开端。2001年到2011年，巴西的二氧化碳排放当量，即衡量温室气体排放总量的指标，每年减少了7.5亿吨。这一减量超过总量的三分之一，是世界各国中最高的。这一成功全部归功于土地利用方式的转变——用于农业的雨林砍伐减少了64%。其他包括能源、农业、工业和废物产生在内的经济部门，温室气体的排放量都有所增加。

亚马孙地区的保护区

这十年来，巴西破纪录地减缓了雨林砍伐速度，但要保持这种势头将困难重重。为了确保巴西亚马孙雨林永久受到保护，一些组织合作发起了建立亚马孙地区保护区（ARPA）的项目。该项目于2002年启动，目标是将6100万公顷的巴西亚马孙森林转变为两种类型的区域：一类地区受到严格保护，另一类则可进行可持续地开发利用。到2014年，ARPA已经成功标定了100个不同的地点，面积累计相当于一个加利福尼亚州。

世界自然基金会主席兼首席执行官罗伯茨（Carter Roberts）说："没有什么比ARPA更伟大了。这是有史以来最大的保护行动。"下一阶段，保护生命的 ARPA 行动将延续到未来，确保所有保护区永久受保护。其合作伙伴已经创建了一个 2.15 亿美元的过渡基金，这项基金会帮助巴西维持这些保护区，直到巴西自身的经济足够强大稳定，能独自维护保护区。ARPA 的持续成功来自很多团体的参与和它革新性的融资。ARPA 希望能在全世界范围内成为环境保护的典范。

巴西令人印象深刻的十年森林减伐源于两个主要因素。首先，巴西人民的态度发生了转变，他们开始意识到雨林滥伐是对他们未来的威胁和宝贵资源的浪费。其次，多群体密切合作，包括个人、非政府组织、政府和许多国际合作伙伴。对问题行业的施压和致力于建立保护区，这些因素结合在一起，给了其他国家取得类似成功的希望。

REDD 拯救热带雨林

联合国已经建立了一个减缓热带地区伐林的机制。这个项目叫作减少因砍伐森林和森林退化而产生的排放（REDD），旨在为碳存储赋予美元价值。一个国家可以通过减少森林砍伐获得碳信用额度，国际捐助者则会为此买单。这给了发展中国家减少森林砍伐的动力。更新后的 REDD+ 计划将生物多样性保护、可持续森林管理和改善当地人生计也纳入其目标。一些亚马孙地区国家在雨林保护项目中使用了 REDD 计划，巴西是其中之一。

延伸阅读

热带雨林与生物多样性

热带雨林覆盖了地球表面约 6% 的面积，但它却拥有世界上超过一半的动植物物种。热带雨林为地球提供了 40% 的氧气，且都位于赤道两侧的狭窄纬度带内。在这儿，全年气候大致保持在 20—34℃。热带雨林的年降雨量在 130—660 厘米，大部分地区每年的降雨量会超过 250 厘米。

雨林中 70% 的植物是树木。这里比其他生态系统拥有更多种类的树。这些树有着笔直的树干，在分枝前可以长到 30 米或更高。在树基处，树干展开形成宽阔的板根，长度可达 4.6 米。由于大部分的营养物质都在土壤的表层，雨林中的树木根都很浅。这些板根能够支撑枝干，并扩大它们汲取养分的面积。

热带雨林生机勃勃，是地球上生物多样性最为丰富的生态系统。亚马孙雨林中一块 1 公顷大小的区域就生存有 10 万种昆虫和 456 种树。相比之下，一块同样面积的英国树林中只有 30 种本土树种。整个亚马孙雨林有 4 万种植物——其中 3 万种是那里独有的。亚马孙雨林占地球现存雨林总面积的 54%。但是由于森林滥伐，全世界的雨林生物多样性正在衰退。

有着丰富生物多样性的亚马孙雨林

波多黎各的埃尔云山国家森林公园是美国唯一的热带雨林。

第二章

价值和威胁

热带森林对地球生物生存的重要性，要从其对全球气候和天气的影响谈起。热带森林包括热带山系、热带潮湿森林、热带雨林和热带旱林，还包括开阔的热带疏林草原和沿海岸线生长的红树林。通过光合作用，所有种类的森林都能够将温室气体二氧化碳从大气中抽离，从而控制全球温度。位于华盛顿特区的全球发展中心预测，到2050 年，森林滥伐行为将摧毁 2.89 亿公顷的热带森林。一旦如此多的雨林被破坏，将会有额外的 1690 亿吨二氧化碳进入大气层，这相当于 44 000 家燃煤电厂一年的二氧化碳排放量。为了减缓气候变化的速度，森林滥伐的现状必须被扭转。

雨林的价值

雨林也控制着地球水循环。树把水吸进根部，水分向上、向外扩散进入大气层，形成云。雨从云中落下，完成了水循环，显著影响区域气候。但是雨林的影响并不局限于区域内。大气层中的水分通过环绕地球的风运动。在亚马孙雨林砍伐树木，会影响到美国西部的天气；在非洲中部滥伐森林，会对美国中西部的降水产生影响；东南亚地区林木的减少则将影响中国和巴尔干半岛的降水。雨水落入河流和海洋影响着大洋环流，大洋环流使海水绕着海洋运动，而海水的温度也会影响到空气的温度。

作为世界上生物多样性最丰富的生态系统，雨林为大约 3000 万种动植物提供了栖息地——2/3 的地球植物种类和 1/2 的动物物种，其中包括了 1/3 的鸟类和 90% 的无脊椎动物。生态学家估计，还有数百万种雨林植物、昆虫和微生物甚至至今未被发现。正因如此，它们对雨林和人类的价值仍是未知。随着雨林遭受破坏，科学家们估计每年约有 50 000 个物种（每天 137 个）正在灭绝。

雨林防洪、防侵蚀和防淤积的生态系统功能常被人忽视。泥沙淤积是水流冲刷

森林滥伐如何影响美国天气

亚马孙的森林砍伐是农业及工业伐木的结果，但随着气候的变化，气温升高和干旱可能会进一步摧毁多达 85% 的雨林。普林斯顿大学和迈阿密大学的研究人员研究了砍伐亚马孙雨林对美国气候的潜在影响。他们的模型显示，从 12 月到 2 月，风向规律会将亚马孙地区干燥的气团推向美国西部。失去树木的亚马孙雨林将让如今是温带雨林的美国西北海岸降雨量减少 20%，令内华达山脉的积雪减少 50%，而供给加利福尼亚州的城市和农场的水量也削减了。亚马孙雨林完全消失是不太可能的，但即使很小的损失也会造成这些气候影响。

裹挟河岸松散的土壤颗粒而逐渐形成的。如所有的植被一样，热带雨林的树木也能保持土壤。浓密的林冠保护地面土壤免受暴雨的冲击，雨水沿着树干流下，以缓慢而轻柔的细流抵达地面。树木本身也储存大量的水分，减缓了径流冲刷和土壤侵蚀。树木被砍伐后，这些功能就丧失了。暴雨直接冲袭裸露的土壤，增大了洪水、侵蚀和河流淤积形成的概率。孟加拉国、泰国和菲律宾等地区的洪水泛滥加剧，就是森林滥伐的直接结果。

最后值得一提的是，雨林还充当着全世界的“药房”和“杂货店”。在现代药物中，至少有25%源自雨林。其中包括了治疗白血病、疟疾、高血压和精神疾病等的药物。然而科学家们估计，到目前为止只有1%的雨林植物被研究确定了医学潜力。发达国家80%的饮食源自雨林，任何购买坚果、咖啡、可可或香料的人都是在购买雨林产品。香蕉、椰子、牛油果、

雨林的秘密生命

1990年代初，《生活》(*Life*)杂志邀请环境摄影师布拉施(Gary Braasch)拍摄展示丰富多彩的热带森林。布拉施在哥斯达黎加偏僻的荒野保护区深处一棵61米高的树上生活和拍摄。整整3个星期，他都栖身于一个简易的平台或平台附近，睡在一个离地面46米高的林冠吊床上。布拉施暂歇在高高的树干上，仰望太阳，感受着习习凉风，并被热带地区每日的倾盆大雨淋透。他生活在蜘蛛和吼猴群中，拍摄了很多特别的场景：吼猴在树枝间荡来荡去，鹈鹕和鹦鹉发出响亮的叫声，小鸟和昆虫在长满苔藓、蕨类植物和兰花的树枝间翩翩飞舞。他拍下的4500张照片是雨林庞大生物多样性的一个小小缩影。

树根阻碍了洪水冲挟土壤。

无花果、芒果、番茄和柑橘等 3000 种水果也都来自雨林。这些水果只是 75 000 种可食用植物中的小小一部分。雨林还是橡胶、树脂和纤维素的来源地。雨林中还有许多食品和产品未被发现。

雨林所面临的威胁

雨林曾一度覆盖了地球表面的 14%；而到了 2010 年以后，雨林只覆盖了地球表面的 6%。雨林正在被迅速砍伐殆尽，让步于农业、伐木业、畜牧业、采矿业、石油生产和水坝建设。1990 年到 2010 年，地球上一半的雨林遭受了破坏。以现在的摧毁速度，到 2117 年雨林将完全消失。

超过 50% 的热带森林正在遭受破坏，大多是为放牧和种植提供土地。在亚马孙地区，80% 的雨林毁坏是畜牧业造成的。这里的牧场为多个国家供应低成本牛肉。根据估算，生产 1 磅（0.45 千克）牛肉就需要损毁 19 平方米的雨林。但这些牧场并不能长久维持。雨林地区的大部分营养物质都贮存在树中，而非土壤里。当树木被移走，营养物质也随之消失了。失去了树木，土壤会被侵蚀并变得干旱，在几年内就会成为沙漠。随后牧场主们会继续长驱直入，摧毁一片新的区域。雨林也被棕榈油、甘蔗、咖啡、茶、香蕉、菠萝和其他农作物的大型种植园所取代。这些

东西半球的雨林

西半球的雨林分布在中美洲和亚马孙盆地。东半球的雨林包括两个独立的区域：刚果、西非和马达加斯加的非洲雨林；东南亚地区雨林，包括新几内亚的一些小区域和澳大利亚。每个地区都有其独特的物种。亚马孙流域生物多样性水平最高，东南亚次之，非洲最低。亚马孙雨林是面积最大的雨林，中非雨林位居第二，它有着许多高海拔的云雾林。东南亚的孟加拉国，拥有世界上最密的红树林。因太平洋潮湿海风的缘故，位于澳大利亚的热带雨林有着茂密的林下植被。

大型种植园通常是不可持续的。当土地变得贫瘠时，农民们又会继续进军，砍伐更多的雨林。

> **为了经济利益而破坏雨林……就像为了做一顿饭而烧掉一幅文艺复兴时期的画。**
>
> ——威尔逊（E. O. Wilson），生物学家，1990 年

伐木业是雨林的另一笔大生意。特定的树种，如桃花心木和乌木，被砍下来作为木材出售，用来制作精美的家具、建筑材料，甚至做成立即被埋葬或烧掉的棺材。其他的树则被砍来造纸和烧制木炭。不修建道路及使用重型机械，伐木就无法进行。这摧毁了更多的雨林。

人们开始变本加厉地在雨林中开采铝、金、铜和钻石等矿产。采矿摧毁了树木，造成了水土流失。人们还使用汞等有毒的化学物质，这些物质进入小溪和河流，毒害生物。石油企业为了开采新的石油储藏，在雨林间修建了公路和管道，由此造成的石油泄漏会毒害森林中的生物。以减少雨林为代价来获得产品的产业是极度不可持续的，仅是短期繁荣的产业。而工人的迁入和定居，造成了猖獗的雨林破坏。周边地区的客人来到定居点，清伐了更多的森林用以耕种，维持生计。资源很快就枯竭了，工人们继续前进，而他们身后留下的是一片被摧毁了的雨林和鲜有经济活动的社区。

在发展中国家，人们为获得电能，修建水电站大坝。大坝淹没了大片区城，毁灭了更多的森林。但森林大坝的寿命通常很短，因为被淹没

一些人在雨林中种植桃花心木以收获木材。

的树木在腐烂时会使水酸化，从而腐蚀大坝中的涡轮机。

雨林的损毁往往导致森林的破碎化。森林——曾经完整的树林——被切成小块，或是被大豆田和牧场包围，或是被纵横交错的道路

左图是 2000 年柬埔寨雨林的卫星图，而右图是 2015 年它被橡胶种植园、伐木和农田分割后的景象。

和输电线切割。破碎区域边缘的树木遭受热风侵袭，热风会将它们吹倒或造成热胁迫。这些树的死亡速度是原始森林中树木的 3 倍。这使得雨林系统变得不稳固。雨林内部大量常见树木在支离破碎的生境中也就逐渐消失了。

雨林破碎化还扰乱了野生动物的活动和繁殖模式。杂草和野化动物趁机入侵。现存的野生动物无法再获得原始森林丰富食物的供应。较大型的捕食者冒险进入牧场和其他人类定居点，猎杀牲畜，导致自己被人类捕杀。随着本土物种的灭绝，留下了非本土物种可利用的未使用资源。这些物种可能会入侵并进一步破坏生态系统。在西高止山脉，位于印度的一个生物多样性丰富的地区，植物入侵包括咖啡、茶和桉树等。

几千年来，原住民视雨林为他们的家园。但如今，随着一些国家为了利益摧毁了他们的家园，原住民正在被驱逐。他们失去了家园、食物、药品和生存方式，死于外来者入侵森林时带来的疾病。阿瓦人，一个以狩猎和采集为生的亚马孙原住民部落，如今只有 355 名幸存者，其中有 100 人从未见过外面的世界。他们遭到持枪歹徒、非法伐木者和牧场主的袭击和屠杀。他们的营地被伐木设备摧毁，而伐木本身则摧毁了他们赖以生存的森林。国际生存组织的沃森（Fiona Watson）说："这不仅仅是对土地的破坏，这是暴力……这就是发生在我们眼前的灭绝。"随着原住民的灭绝，他们关于雨林生命的知识也流失了，尤其是拥有积

一些组织会保护特定物种免受偷猎。白臀叶猴基金会对白臀叶猴进行监护，并清除可能伤害灵长类动物的陷阱。

累了几个世纪关于雨林植物药用价值知识的药师。随着年轻一代的原住民被外面世界的财富和技术所吸引，比起学习和传递祖先的知识，他们更愿意离开家乡，形形色色的文化信息也就遗失了。

每当一位雨林药师死去，就好像烧毁了整个图书馆。

——泰勒（Leslie Taylor），《热带雨林草药的治愈力量》（*The Healing Power of Rainforest Herbs*）

随着人口的增长，雨林所受到的威胁越来越严重。在发展中国家，砍伐森林可能是当地人获取食物和燃料的唯一选择，人们可以随意地处置林地。作为开放或公共的财产，任何人都可以开发使用雨林，无论是当地农民还是外来企业家。那里没有任何对保护环境的激励，只有一场竞争，先于其他人去利用资源。这就是一个“公地悲剧”的例子，每个人的行为都是为了自己的利益，而不是为了整个社会或生态系统的福祉，所以易获得的资源很快被耗尽。

森林滥伐严重损害了雨林生态系统，但是，猎人也是雨林的一大威胁，并且可能是东南亚雨林生物多样性最严重的威胁。现在雨林里几乎没有大型脊椎动物，包括老虎、犀牛、大象和熊。这些物种通常因某一身体部位而被出售，如皮肤或牙齿。狩猎行为的增加要归因于能更便捷地进入森林的公路，更好的武器，以及将野生动物作为宠物、肉类和药物的更多需求。由于大型脊椎动物的减少，捕猎者瞄准了包括黄莺在内的更小型的物种。还有人则使用非特定的武器捕猎，如陷阱和猎枪，这些装置会误捕或误杀非目标物种。在整个区域内，狩猎活动是猖獗且不可持续的。过度捕猎特定物种会破坏生态系统的运转方式，这可能使得其他动植物更难以生存。

通常，雨林管理模式是保护和保存措施的结合。保护是使自然生物多样性、人类健康和人类安全的利益最大化。它涉及公共土地的管理，在保持其可持续性的同时允许人们有序地进行开发利用。土地利用不应破坏当地的生态系统，而应使其能够持续地服务后人。保存则需要保持土地的自然形态，不开采或开发资源。雨林管理涉及对野生保护区或国家公园中的一些雨林的保护，而其他可能是为了谨慎、可持续地利用。适当的管理常包括叫停或显著减缓森林砍伐，加上在需要的地方重新造林。这世间没有让这些改变成为可能的灵丹妙药，只有通过政府、非政府组织和个人的共同努力才可以改变公众的态度，加强社区的参与度，并制定可行的法律来拯救世界雨林。

印度尼西亚的濒危物种

印度尼西亚拥有世界上最丰富、生物多样性最高的雨林之一。它的雨林分布在 18 000 个岛屿上，占地球陆地面积的 1%。印度尼西亚的哺乳动物物种占地球全部哺乳动物的 12%，而濒危哺乳动物的数量也超过其他任何国家——135 种，占其本土哺乳动物的 1/3。苏门答腊虎、爪哇犀、苏门答腊象和红毛猩猩（如图）都已濒临灭绝。这是世界自然保护联盟（IUCN）红色名录中的最高等级，意味着这些物种在野外面临极高的灭绝危险。

雨林的垂直结构

热带雨林的四个分层就像四个不同的世界。最顶层，或称为林上层，由高大的树木组成。树与树相距很远，高度在30—73米。这些树暴露在从热带艳阳到狂风暴雨等的各种极端天气中，它们的生存环境亮而多变。生活在林上层的动物多是飞鸟，比如掠食性的热带大雕。

林上层的正下方是茂密的林冠层，雨林中大部分生物的栖息地。它位于距离地面约18—40米处，充当着雨林其他部分的渗水屋顶。许多树枝上都覆盖有木本藤本植物或直接生长在其他植物上的植物。林冠层内部比林上层更暗更潮湿。树木结出果实，为猴子、鸟类和其他林冠层的动物提供食物。

第三层是下木层。典型的下木层树木大约有18米高。下木层相对较暗，只有林冠层光照的2%—15%。这里生长着幼树、小乔木和灌木。许多动物有伪装技能，要么是为了保护自身，要么是为了捕食。下木层比林冠层更开阔，栖息有许多飞行生物，包括蝙蝠和鸟类。

林地表层接收的光照，不到林冠层的2%。上层的碎屑聚集在这里并分解。真菌和小型无脊椎动物——蜈蚣、蛞蝓及甲虫——以腐烂的物质为生。地下根系为一些动物提供了丰富的食物来源。许多大型动物在林地表层活动，包括亚马孙地区的貘和美洲虎，亚洲的虎和象，以及非洲的豹、象和大猩猩。

不同的物种适应在雨林的特定层生活。

伐木是婆罗洲岛雨林所面临的最大威胁之一。

第三章

拯救居民，拯救雨林

大多数的雨林都分布在贫穷的国家，这里的人们都依赖雨林的自然资源生存。雨林主要因工业活动，如伐木、放牧和商业性农业而遭毁坏。这些活动具有经济动机，却几乎没有对保护雨林的激励。只有当地居民和本国的需求都得到满足后，才可能成功地保护雨林。短期需求必须与通过保护和可持续利用雨林所产生的长期利益相平衡。

食品安全

非洲拥有世界上约 30% 的雨林。自 1980 年代以来，西非的大部分雨林已经被开垦为农田。牛津大学热带森林中心主任马尔希（Yadvinder Malhi）宣称，刚果盆地的大部分地区仍未被开发，但随着人口的增长，森林砍伐可能会增加。但这是可以避免的。马尔希指出："如果农业变得集约化，那仅需目前农业用地的 40% 就可以拥有目前非

雨林只有在可以提供切实经济利益的情况下，才能够以功能性生态系统的方式生存下去。

——《热带环保科学》(*Tropical Conservation Science*)杂志

洲热带森林地区的产出，而剩下的 60% 土地可用于森林养护。”

巴西的案例证明了保证人类的生存与拯救雨林是可以并存的。2003 年，时任总统达席尔瓦开始了他抵抗贫困和饥饿的执政政策。在这些解决民生问题的行动初现成效后，他开始着手处理森林滥伐问题。而这两者是可以同时进行的。某些特定的耕作技术可以在提供粮食和拯救森林的同时改善土壤。可持续农业是一种可持续发展的农业形式，它借鉴了大自然的技巧，包括种植混合作物，在增加食物多样性和经济稳定性的同时，也使得养分回归泥土。一项来自亚马孙雨林的技术是使用木炭和动物骨骼给土壤施肥，由此形成的土壤被称为亚马孙黑土或生物炭。这项技术产出了高品质的作物，并且将碳储存在土壤中，减缓气候变化。另一种形式的可持续性农业是传统的小规模农业。用这种方式，一个区域被开垦出来后，人们只进行短期耕作，然后很长一段时间任其生长，于是森林又回来了。

帮助自给农民改善生存条件的经济激励机制可以间接有利于雨林。政府可以帮助贫困农民获得土地的正式所有权，这将激励他们改善自己的土地，而不是进一步砍伐更多的森林。其次，与小额信贷公司的合作将使贫穷的农民既能存钱又能贷款，这增加了他们的财政保障并促进其

刚果盆地孕育着很多物种，如丛林象。

创业精神。最后，更好的市场通道将改善农民的财政状况。但是，人们应仔细规划这种通道，避免修建的道路和其他基础设施破坏更多的雨林。

印加树的威力

由于雨林土壤贫瘠，在上面种植作物是一大难题。过去，人们每年会开垦一块新的园地，但这会破坏雨林。现在，一些亚马孙人利用印加树来补充土壤养分。他们在菜园里种植成排的印加树苗，形成一条小径。树苗生长非常迅速，它们在小径的上方形成了阴冠，吸收空气中的氮气。园丁们修剪完树上的小树枝和树叶后，把它们撒在小径上，这些枝叶在小径里腐烂，然后释放出富有营养的氮。他们的庄稼则吸收这些氮。在作物收割之后，印加树依然继续生长。这种保护雨林和种植作物并行的良性循环可以持续很多年。

应对气候变化

拯救森林也意味着对抗气候变化。森林、经济和人民日益受到气候变暖所带来的变化的威胁。滥伐森林和森林退化增加了大气中温室气体的排放量。因此，保护森林的工作通常包括减少碳排放。相应的举措往往涉及很多团体的合作。当攸关人类自身未来时，团结合作是最重要的。

墨西哥是应对气候变化的领军者，它承诺通过多种方式，到 2050 年将本国的温室气体排放量减少到 2000 年水平的一半。该国的一项主要成果是环境服务支付项目（PSA），在该项目中，生态系统服务（如清洁水和生物多样性）的消费者将向服务提供者支付费用。提供者负责维护健康的生态系统，及防止森林滥伐。他们会建造防火隔离墙，控制病虫害，防止非法砍伐和偷猎，及保持清洁水供应。PSA 支付鼓励了森林保护行为，并帮助改变了大众对自然资源的态度。

当 PSA 在 2003 年到 2004 年间启动时，墨西哥政府打算通过世界银行的贷款进行支付。随着建立在碳储存基础上的世界碳交易市场发展，私人消费者将接手支付。但世界碳交易市场尚未完善，目前仍是政府在买单。尽管如此，这个项目仍然被认为是部分成功的，几乎所有的 PSA 站点都将大部分资金投资于森林管理，降低了森林滥伐率，减少了温室气体排放，并使农村和本地居民受益。

与墨西哥相似，哥斯达黎加在应对气候变化和保护生物多样性方面硕果累累。它扩大了森林保护区，购买生态系统服务，并且促进了生态旅游的发展。这些举措改变了哥斯达黎加人对环境保护的态

衔接热带和温带的鸟类

尽管中美洲雨林的陆地面积狭小，但这里鸟的种类却比整个北美的鸟类都要多，仅巴拿马就有 700 种，包括图中的金头唐加拉雀。但随着森林的消失，情况正在改变。1950 年，中美洲拥有 60% 的森林面积；到 1980 年，这个数字下降到了 41%。萨尔瓦多几乎已经没有森林了。这一损失让北美也感同身受，许多候鸟，如在中美洲或南美洲过冬的林鸫和灰冠虫森莺，由于栖息地被破坏，数量急剧减少。

巧克力如何解救雨林居民

阿沙宁卡人生活在秘鲁的埃纳河谷，这是一个偏远的亚马孙地区，受到非法伐木和可可贸易的威胁。阿沙宁卡人与英国慈善机构“酷地球”合作，种植和销售世界上最珍贵的克里奥罗可可豆。其产出现在已经是 174 个家庭的主要收入来源。“酷地球”提供工具、幼苗和一名可可种植技术员。该机构将收获的可可豆运至英国康沃尔郡，在那儿它们被制成巧克力条。当地的可可合作社总裁卡帕希（Sergio Capeshi）说：“我最喜爱的……是能够支持我的阿沙宁卡弟兄们。可可豆对我们至关重要。它让一个家庭足以维持下去——为孩子们的健康、教育和食物提供了资金。”

度。哥斯达黎加已经接受了碳平衡的理念——通过从大气中移除与居民增加的碳排放相等的碳，实现净零碳足迹。碳平衡减缓或阻止了人类造成的全球变暖。哥斯达黎加将扭转森林滥伐与改善本国社会和经济的发展结合在了一起。自 2000 年以来，该国加勒比海沿岸的雨林砍伐情况已经扭转。

社会参与

防止森林滥伐最成功的项目之一是运用社区管理。也就是说，不再是联邦政府要求社区如何管理他们的森林，而是每个社区制订并执行自己的管理计划。通常在这样的计划中，社区团体会共同协作。每个社区都会制定适合自身情况的计划，但所有团体都朝着一个共同目标努力——防止森林砍伐和减少碳排放。

马达加斯加是非洲东南沿海的一个岛屿，该地将政府行动和社区参与结合起来。马达加斯加以其稀有而奇异的动植物闻名，但森林砍伐已使许多物种灭绝。从 2003 年起，政府对马达加斯加东南部的一大片廊道进行了部分保护。这片廊道支撑了牛群放牧和木材砍伐活动，也是水稻、咖啡和香蕉的种植地，它连接了已在低地和高地建立起来的保护区。

马达加斯加廊道内的合作组织划定了保护区、可持续利用森林和定居点。他们利用社区管理来改善地区经济。项目经理来自社区内部，而非外界。这些合作组织向农民提供补助金，来发展可持续的农业实践，例如树木苗圃、生态旅游和农业林业，或在作物及牧场之间种植树或灌木。削减森林砍伐的成功与否，则通过温室气体的排放是否减少来衡量。2007 年至 2012 年，该地区减少了 220 万吨的二氧化碳排放。此外，这些组织还实施了包括营养、卫生、水、环境卫生和计划生育在内的健康服务项目。

印度也在试图通过社区行动拯救森林。在超过 150 年的时间里，印度的森林因农业而被开发和破坏。20 世纪 90 年代，印度政府颁布了《1988 国家森林政策法案》，将森林保护置于经济利益之上，从而开始扭转森林持续被破坏的趋势。该法案将森林的控制权交给了印度各个州的社区合作组织。印度目前有 10.6 万个合作村庄，是世界上最大的社区森林项目之一。每个村庄都与该地区的森林部门合作制订自己的计划，他们从该地区收获的产品中获得共享收益。当地执法者严控非法采伐、纵火和偷猎。

跟踪森林退化

卡内基研究所全球生态部门的科学家们使用高分辨率的卫星数据来监测森林退化情况。他们利用卡内基陆地卫星分析系统（CLAS）穿透森林林冠层的上层，观察地面伐木活动的结果。CLAS 所测试的区域覆盖了大部分的秘鲁亚马孙雨林。报告显示，1999 年到 2005 年，75% 的雨林损失发生在公路两侧 20.1 千米宽的范围内，在确定的保护区内发生的破坏是最少的。研究人员希望社区保护机构采用 CLAS 卫星系统作为常规森林监测的标准。

但印度最近的重新造林大多是人工林，而非天然林。由于当地居民砍伐树木用作薪柴，很多森林仍在退化中。一个新的计划，绿色印度行动（GIM）于 2012 年到 2022 年间启动。它会在 2022 年前，新增 500 万公顷的森林，并且另外恢复 1500 万公顷的林地。GIM 的目标是减少印度二氧化碳排放和减缓全球变暖的趋势。

社区权利

墨西哥和中美洲一直以来都认可原住民和当地社区的森林所有权。当地 65% 的森林在法律上属于这些群体，相比之下在亚洲这个数字只有 30%。但是这些权利与生物多样性保护相冲突。从 19 世纪的美国国家公园开始，每建立起一个保护区，原住民和当地社区就常被迫迁移，从而失去土地的所有权。解决这一问题需要听取原住民的意见并让他们参与到森林保

马达加斯加的项目为当地人提供雨林植树的工作。

护活动中来。

萨尔瓦多环境组织普里斯马基金会的戴维斯（Andrew Davis）提倡通过以权利为基础的方式保护森林。他指出，很多社区团体和原住民

一些印度偷猎者将老虎作为狩猎目标。

致力于可持续地利用他们的生存环境，并且他们有能力创建和经营提升这种利用方式的事业。例如，由 3 名危地马拉妇女于 2005 年成立的自然营养食品公司就在玛雅生物圈保护区的缓冲地带收割和销售面包坚果，这使得更多的树能够生长在缓冲区，同时为该地区的 180 个人提供了工作。这些成功的案例表明，社区权利是保护热带雨林的关键。

当你认识到权利的作用并将其运用到这些组织中时，你就可以拥有保护生物多样性并为人口发展作出贡献的企业。

——戴维斯，高级研究员，普里斯马基金会

21 世纪，随着巴西的森林砍伐速度减缓，农民们通过植树帮助恢复了部分亚马孙雨林。

第四章

减缓或停止森林砍伐

全世界的雨林都在被砍伐。自 20 世纪 90 年代以来，大部分的雨林破坏事件发生在非洲和南美洲的热带地区。1990 年到 2010 年，马达加斯加和西非的森林滥伐率远远超过了刚果。2000 年到 2017 年，东南亚失去了其 14.5% 的森林，其中包括一半以上的原始森林。到 2022 年，印度尼西亚的一些地区可能会失去其 98% 的森林。21 世纪的“拯救雨林”行动取得巨大成功后，2015 年巴西地区的森林滥伐率于近十年来首次上升。持续良好的管理和保护对于保持雨林的未来健康十分重要。

东南亚地区涌现出许多威胁雨林的因素。滥伐森林的一个主要驱动力就是农业——尤其是橡胶、棕榈油、果浆和造纸产业的种植园。该地区为全球提供了近 90% 的棕榈油和纸。水坝的建设也在吞噬雨林，到 2012 年，湄公河三角洲规划修建 78 座新水坝。这一建设将导致淡

由于森林砍伐而造成的树林损失，在面积上相当于每分钟失去 36 个足球场。

水生物多样性的巨大丧失、洪水泛滥和区域性干旱。尽管很多地方都在发生森林滥伐，但正有一些项目着手阻止这一情况的发展。

发展可持续性棕榈油产业

快餐食品行业对棕榈油的使用是雨林被破坏的一个主要原因，并且正在显著地增加碳排放和加速全球变暖。这些棕榈油原产于非洲的油棕榈树。2016 年，印度尼西亚和马来西亚地区就有很多的棕榈油种植园，而且正在向中非、西非和拉丁美洲扩张。这些种植园已经取代了 1500 万公顷的雨林土地。雨林行动网络（RAN）创造出“冲突性棕榈油”这个术语，用来描述通过摧毁雨林而开垦的种植园所产出的油。美国大约半数的包装食品都含有冲突性棕榈油，并且这一需求正在迅速增长。

RAN 和其他组织正在向世界上最大的 20 家食品公司施压，要求它们只使用负责任地生产出的棕榈油。2014 年，一些公司同意了停止收购冲突性棕榈油。但这没有彻底地解决这个问题，因为还有一些大公司并没有作出这一承诺。一些人希望抵制那些没有作出承诺的公司，但抵制并非总能奏效。另一个解决方案是由相关国家的政府来监管棕榈油行业，但由于其巨额利润，政府往往不愿这么做。

一些负责任的棕榈油公司努力保护它们土地上的雨林。

2003 年，棕榈油公司开始自发地努力让这个行业变得更加可持续。可持续棕榈油圆桌会议（RSPO）为棕榈油的可持续生产制定了标准，并帮助企业实施这些做法。

雨林联盟也在帮助棕榈油生产向可持续发展转型。2008 年，这个非政府组织开始与农民和企业合作，推广实行可持续做法，如保持土壤健康、保护水道、减少和回收废弃物、减少或放弃农药使用。农民也在

选择性砍伐还是建造种植园

在东南亚，保留下来的原始森林大多在自然保护区内。其他的森林要么被人们摧毁了，要么被选择性地采伐。在选择性砍伐的森林中，最大和最有价值的树木会被砍伐走，此后这片地区就被弃置用于再生长。30 到 50 年后，这个过程又重新上演。选择性采伐是可持续的，但是伐木者往往把最大、最壮的树移走，留下最瘦弱的树木继续生长，这种砍伐破坏了周围的树木和连接树木的藤蔓网，降低了森林的稳定性。选择性采伐的森林和原始森林对野生动物而言都很珍贵。但棕榈油种植园比伐木业获利高得多，因此种植园正在迅速地取代森林。1990 年至 2010 年，印度尼西亚加里曼丹境内 90% 的棕榈油种植园土地曾经是森林。种植园对于野生动物而言是极其恶劣的栖息地，它们割裂了剩下的森林，让野生动物无法在不同栖息地间迁徙，这进一步降低了生物多样性。

学习对自然栖息地和野生动物进行保护。例如，经过认证的农民不能砍伐为猩猩等濒危物种提供栖息地的大部分森林。第一批获得认证的是 600 名洪都拉斯农民。总计有包括 300 万小农在内的约 650 万农民依靠棕榈油为生。到目前为止，雨林联盟的可持续发展项目正在哥伦比亚、哥斯达黎加、危地马拉、洪都拉斯、印度尼西亚和巴布亚新几内亚等地区进行。

防滥伐漏失

有时，一个国家的森林滥伐速度减慢时，其周边国家的砍伐速度却上升了，这就是所谓的全球性漏失。这一现象也可能发生在雨林保护区附近，被称为本地性漏失。当漏失发生时，世界净森林滥伐量并没有减少，只是发生了转移，因此整体而言并未取得进展。南美洲东北部的小国圭亚那希望避免成为全球性森林滥伐漏失的受害者。圭亚那是一个高森林覆盖率、

雨林联盟认证的可持续耕种农产品。

低森林砍伐率（HFLD）的国家，国土近87%是森林，并且到目前为止几乎没有过森林砍伐现象（2000年到2009年，每年的森林砍伐率大约为0.03%），这将圭亚那置于了高森林砍伐率的风险下。与伐木相关的工业可能会从邻国巴西转移过来，因为那里的森林已被过度砍伐了。为了避开漏失，圭亚那正在与挪威合作，在不提升森林砍伐率的前提下经济地发展，成功的标准是发展伴随着低碳排放量。当圭亚那展示出成效时，挪威方就会为其买单。圭亚那将这些资金用于低碳发展项目，并将土地所有权奖励给当地的社区。

刚果盆地是另一个 HFLD 地区，其碳储量占非洲碳储存的 90%，是缓解全球变暖的主要贡献者之一。刚果盆地区域的国家希望保持低森林砍伐率，并防止全球性森林砍伐漏失。到目前为止，他们的成效显著——已经很低的森林砍伐率在 1990 年到 2010 年又降低了一半。

和其他地方一样，刚果的成功是多种因素共同作用的结果。在亚洲和亚马孙地区森林砍伐的主要驱动力——农业，在刚果就显得不那么重要了。刚果的大部分雨林是无法进入的密林，鲜有道路和人迹。非洲广袤的热带稀树草原更易被转化为农田，因此已被开垦用于农业。石油和天然气产业的发展带来了更高的收入、更大规模的城市化和更多的食品进口，这些因素导致农业的比重进一步下降。只有大城市对薪柴和木炭有所需求。大部分远离城市的雨林都未受到影响。

森林还是高速公路

尼日利亚的埃库里人正在为他们的森林和生计而战。当地的管理者占据大片的雨林廊道来修建一条高速公路。这条廊道宽 20 千米，长 260 千米，穿过好几个保护区，包含一个国家公园。自然资源保护者担心当地管理者会向木材公司开放这一地区，这将使得非法伐木者和盗猎者很容易进入森林。2017 年 2 月，埃库里人的抗议迫使当地管理者将廊道归还大众。但抗争还未结束，高速公路项目尚未被取消，森林砍伐可能很快就会开始。埃库里人誓言要持续抗议，直到这一项目被彻底取消。

从 20 世纪 90 年代开始，刚果盆地地区的所有国家都制订了森林保护计划，这些计划的实施贯穿整个 21 世纪初期。其中最大一个项目——刚果盆地森林伙伴计划，由 21 个政府、12 个国际组织、20 个非营利组织和 8 个私营部门组成。它保护了包括重点生态园区和生物多样性热点地区在内的 13 个保护区。根据联合国粮食及农业组织 2013 年的一份报告，这些可持续生产的森林管理项目正在逐渐取代集约伐木。

遏制森林滥伐的途径众多，并且根据每个地区的需求而有所不同。多数情况下，需要综合各种措施和很多人的通力合作。但无论采取何种措施，要应对全球变暖、拯救地球生物多样性和改善本土人民生活，阻击森林滥伐都是重中之重。

森林滥伐的代价

刚果盆地拥有世界上第二大的雨林，占地 2 亿公顷，比美国的阿拉斯加州还要广袤。它横跨 6 个国家，为来自 150 个民族的 7500 万人提供食物和住所，其中很多人都是狩猎采集者，完全靠雨林为生。刚果盆地有着大量的动植物，10 000 种植物中有 30% 是其独有的，还孕育着超过 400 种哺乳动物、1000 种鸟类和 700 种鱼类。许多我们所熟悉的刚果哺乳动物——包括大象、黑猩猩、山地大猩猩和倭黑猩猩（如图）——都已濒临灭绝。如果森林砍伐继续下去，这些生物都可能灭绝。

延伸阅读

热带泥炭地森林

热带泥炭地森林的土壤全年被水淹没。这些土壤含氧量很低，它们减缓分解速度并产生泥炭——一种由部分分解的植物残体形成的土壤。2011 年，东南亚地区拥有的泥炭地森林面积约占世界泥炭地森林总面积的 56%，主要分布在苏门答腊岛、加里曼丹岛和新几内亚。但 2012 年，来自利兹大学和伦敦大学学院的刘易斯（Simon Lewis）教授和达吉（Greta Dargie）博士在刚果盆地发现了一大片泥炭地。这一名为中央盆地的泥炭地，占地面积超过 145 500 平方千米，比英国本土面积还要大。

泥炭地雨林是主要的碳汇。泥炭土壤比其他任何类型的热带森林土壤储存的碳都要多——是高地热带雨林的 5 到 10 倍。中央盆地泥炭地仅占刚果盆地面积的 4%，但却是世界上碳含量最高的生态系统之一。它储存的碳量与其余 96% 面积的森林所储存的碳量相当。

碳储存使得泥炭地森林成了全世界对抗气候变化的重要工具。但是，如果泥炭地土壤干涸，分解就会恢复，二氧化碳释放，加速全球变暖。印度尼西亚的森林正在被火灾、伐木和农业建筑所毁灭。所有的这些行为都会使土壤变干并释放二氧化碳。由于刚果盆地泥炭地十分偏远，且是最近才被发现的，所以迄今为止，它相对而言还未受到侵扰。

在苏门答腊岛，一些人在热带泥炭地中挖沟渠排水，这有可能会增加火灾的风险。

一名男子种下一棵树，作为坦桑尼亚雨林恢复林的一部分。

第五章

重新造林下的森林回归

森林滥伐的最佳解决办法是制订管理计划，允许可持续地利用森林，使地区经济的发展不以毁林为代价。但许多森林已经被伐净或烧毁，无法拯救。目前唯一能做的就是重新造林或修复森林。

生态修复是指一个生态系统在退化、被破坏或摧毁后恢复的过程。生态修复有助于恢复生物多样性和生态系统的健康，是所有保护及可持续发展项目的组成部分。联合国粮食及农业组织区分了森林的修复和复原。在森林修复中，目标是让森林恢复到其原始状态，同时恢复其生产力和物种多样性。在森林复原中，目标是恢复原有的生产力，以及恢复部分而非全部的原始物种多样性。这两个过程都是为了确保森林能够再次提供生态服务。它们的目的是强化森林，令其可以在未来被使用。而重新造林简单来说就是在被伐尽的森林土地上重建任何一种森林。一个地区森林的回归可以是被动性的，即自然而然发生的，也可以是因人类的干预而积极性的。当在一块从未有过森林的地区建造森林时，有时人们就会利用植树造林的方法。

重新造林：并非 100% 正确

许多非洲国家政府通过种植单一树种的种植园来重新造林，所选择的树种都是快速生长的外来树种。例如，2011 年在加纳，1600 万株树苗中有 95% 都是外来树种。这种快速修复的尝试往往产生事与愿违的结果。外来树种战胜了本地的幼株，后者因此生长得更加缓慢，因而恢复原生林的可能性变得更小。外来树种经常会死于疾病或风害。它们改变了该地区的栖息地结构和食物来源，降低了野生动物的健康水平，并且减少了生物多样性。

亚洲的重新造林

21 世纪初，越南的森林覆盖率在经历了数十年的森林滥伐后开始上升。一些天然林被恢复，并且人们在以前没有森林的土地上栽种了大量树木。与此同时，农业繁荣起来，越南大米、咖啡、橡胶和黑胡椒的出口量也开始增加。有三项政策促进了越南森林境况的改善：第一，政府将集体农业转变为个体农业，并教授农民现代农业技术；第二，政府开始下放更多的森林控制权给地方管理部门；第三，在 2004 年，政府设立了森林环境服务基金（PFES）项目。

个体农场政策加上对周围森林更多的控制权，鼓励了农民去保护自己的土地。他们减少了山坡种植并开始重新造林在更肥沃的土壤上种植粮食，并且加种新的作物，提高了生产力。尽管 PFES 计划中的大部分土地仍属于政府，但其中的一些土地会向农民支付小额酬劳。这些项目推动了重新造林和农村发展。尽管这些项目降低了森林砍伐率，但并不是越南成功的全部原因。约 40% 的森林砍伐率降低要归功于森林砍伐漏失——越南通过进口邻国的木材来减少本国的森林砍伐。因此，越南的案例仍然只是一个部分成功的案例。

德国科学家正在被砍伐的热带森林土地上建立蝙蝠栖息地。这些蝙蝠每晚长途飞行，摄食水果和花蜜。它们可以快速传播种子，从而加速重新造林。

在印度，超过 150 年的森林商用导致广泛的森林退化和森林砍伐。自 20 世纪 80 年代末以来，印度一直致力于扭转森林滥伐的形势，并提高其森林覆盖率。印度政府把植树造林和重新造林置于优先地位，还让社区参与到森林管理项目中。印度的“1988 年国家森林政策”分散了森林管理权，且降低了林业的商业化。到 2014 年，印度拥有世界上最大的社区森林项目之一，106 000 个参与项目的村庄共同管理着超过 2200 万公顷的森林。

印度尼西亚的重新造林

2014 年《自然气候变化》（*Nature Climate Change*）杂志的一项研究表明，印度尼西亚的森林滥伐率位居全球之首。日本企业对这一地区的森林修复很感兴趣。2005 年至 2011 年，日本企业承担了热带雨林

印度尼西亚的 17 000 个岛屿是世界上 17% 的鸟类、12% 的哺乳动物和 16% 的爬行及两栖动物的家园。

恢复项目，这一项目在爪哇岛帕里亚野生动物保护区 350 公顷的土地上开展。通过与印度尼西亚林业部的合作，该项目种植了 30 万棵本地树种、果树和农作物。通过将农业与林业结合，既退耕还林，又改善当地的经济，在树木生长的同时，农业也将促进经济发展。项目领头人预计，在项目结束后的 20 年内，他们所种植的树木将会总共吸收 7 万吨的二氧化碳。

日本企业与非政府组织“保护国际”合作，在爪哇岛的古农葛德潘格兰戈国家公园承担了一个类似的项目，称为“绿墙工程”。2008 年，他们开始在退化的土地上植树，还帮助当地居民发展可持续的收入，包括鲶鱼池塘养殖和生态旅游。在这个过程中，当地人学会了如何评估森林价值和保护森林。自 2016 年起，绿墙工程已在 300 公顷土地上种植了 12 万棵树，其中的大多数生长良好。

印度尼西亚政府也在致力保护其泥炭地森林。在 2015 年发生了一系列毁灭性的森林大火和泥炭地火灾之后，政府成立了泥炭地修复机构，希望将本国所有的泥炭地地区都划定为保护区。

印度尼西亚的古农葛德潘格兰戈国家公园
也是科学研究的基地。

萨尔瓦多的王鹫以死去的动物为食，维持着雨林的清洁。

更多的重新造林案例

在萨尔瓦多，经历了20世纪80年代极高的人口密度和残酷内战的破坏后，当地的森林正在恢复中。1992年的土地转让计划将一度被大量涉农产业占有的土地分配给了五分之一的农村家庭，这使得土地分配更加公平。全国的经济发展也提高了健康和教育水平。这些因素与2001年至2010年森林覆盖率上升16%密切相关。

萨尔瓦多的经济改善主要归功于战后回国的移民。他们带回了在国外流浪时的积蓄，这对于农村地区尤其重要。资金投入最多的地区森林再生改善最为显著。恢复中的森林还十分年幼，没有完整的林冠层。当地树木遮蔽了大部分的咖啡种植园。虽然不是原始森林，但这些地区的生物多样性在提升且碳储存在增加。生长在这里的高品质咖啡也改善了当地的经济。萨尔瓦多正在成功地恢复森林。

最后，世界上最大的热带雨林修复项目是哥斯达黎加的瓜纳卡斯特保护区（ACG）。这个干燥的热带森林地区曾因为了清理和维护牧场的大火而严重退化。当地物种由于不适应大火而灭绝，取而代之的是入侵的非洲草——红苞茅。这项修复计划始于 1985 年，由宾夕法尼亚大学的詹曾（Daniel Janzen）博士和他的妻子哈尔瓦克斯（Winnie Hallwachs）博士牵头。该计划尽量收购整片农田，并消灭瓜纳卡斯特保护区内的所有火灾。相邻地区的幼苗由风或动物携带，自然而然地进入该区域。本地物种通过自然演替开始回归。当一个地区在没有人类干预下自然变化时，自然或生态的演替就会发生。植物和动物从周边区域进入该地区，群落依次相互取代，逐渐构建起本地区的多样性和稳定性。收购毗连的雨林使瓜纳卡斯特保

利用廊道拯救雨林

通常，森林会因修建道路、农场或其他设施而支离破碎。但是，如果负责地对其进行划分，森林仍可以提供一些生态系统服务。其中一种方法是保留树林廊道，或保留连接剩余森林片区的狭窄树木带。哥斯达黎加的一项研究表明，有了廊道，传粉昆虫可以在森林片区间迁移并成功传粉。孤立的森林片区中，罕有传粉昆虫，很多植物无法繁殖。长距离迁移的能力对于例如蜂鸟等的传粉生物而言尤为重要。

咖啡需要高大的树木来遮阴。萨尔瓦多的咖啡种植园主可以利用当地的雨林树木来实现这一目的。

护区得到了扩大，它目前已拥有 23.5 万种的动植物。种树是每个人都能做到的事情，也是恢复世界森林最重要的方法之一，在热带种树是不可或缺的。

十亿棵树运动

联合国“十亿棵树”运动呼吁全世界人民每年种植十亿棵树。该项目的灵感来自诺贝尔奖得主马塔伊（Wangari Maathai），她是肯尼亚绿带运动的发起人。联合国从 2006 年起开始这项运动，并在 2011 年将其转入地球植物基金会。基金会大力鼓励种植适合当地环境的本土树木。在最初的 5 年里，该项目的网站记录了 12 585 293 312 棵树的种植情况。

保护雨林有助于拯救脆弱的动植物物种。

第六章

保留式保护

拯救现存的森林要比森林消失后再恢复容易得多。当雨林的土地被闲置，保护起来不被人类利用时，生态系统就能保持其健康和功能，并继续维持其可观的生物多样性。保护工作可以由政府、非政府组织、个人或这些组织的组合来执行。受保护的土地可进行不同程度的利用，包括用于国家公园或森林、原住民土地、禁猎区和自然保护区。保护行动已经取得了相当大的进展。1997 年至 2003 年间，全球热带雨林受保护面积从 8.8% 增加到了 23.3%，占全球雨林面积的近 1/4。

另一种保护雨林的方法是保护雨林中的动物，尤其是濒危物种。1960 年，著名的动物行为学家珍·古道尔（Jane Goodall）开始了她在非洲坦桑尼亚贡贝溪国家公园研究黑猩猩的生涯。到了 20 世纪 70 年代，她开始非常担忧雨林的变化。古道尔目睹了采矿和伐木对树木的惨

珍·古道尔研究所致力于保护贡贝溪国家公园的黑猩猩。

重破坏，她意识到必须做些什么来尽力保护黑猩猩的生存环境。1977 年，她成立了一个非营利组织——珍·古道尔研究所，旨在促进雨林保护、教育和人权保障。“我以科学家的身份去了非洲，而以活动家的身份离开丛林。”古道尔这样说。

这儿还有一扇时间之窗。大自然会赢的，只要给她一次机会。

——珍·古道尔博士，科学家和环保活动家

世界遗产名录

联合国工作的目标之一是保护世界文化和自然遗产中无可替代的地方——如埃及金字塔和澳大利亚大堡礁。这些地方被联合国教育、科学及文化组织（教科文组织）认定为世界遗产地。其中的一处世界遗产地是亚马孙中心综合保护区，这是亚马孙盆地最大的保护区。其近 600 万公顷的土地囊括了两个国家公园和两个可持续发展保护区，是地球上生物多样性最丰富的地区之一。

亚马孙河的两条支流，内格罗河和索利蒙伊斯河，在这个世界文化遗址地汇集，该保护区内包含了大多数亚马孙已知的生态系统实例，有旱地森林、周期性淹没低湿林、河流、瀑布、沼泽、湖泊和海滩。这里是一些珍稀濒危物种的栖息地，包括巨獭、亚马孙海牛、黑凯门鳄和两种淡水海豚。这里还孕育了亚马孙 60% 的鱼类，60% 的鸟类和高度多样性的灵长类动物，尤其是猴子。这里也是美洲豹和热带大雕的家园。

亚马孙的“泳猫”

美洲豹是美洲最大的猫科动物，也是游泳高手。这种漂亮、强壮的猫科动物有一个又大又圆的脑袋，粗短的四肢，带斑点的皮毛。它的牙齿能够咬穿龟壳或鳄鱼头骨。美洲豹还捕食其他动物，包括鹿、猴子、犰狳和蜥蜴。它们在大片的土地上漫游，但由于栖息地的破坏和来自农场主及牧场主的威胁，美洲豹的活动范围比原先缩小了一半。美洲豹很害羞也很少见，所以很难确切计数，但可以确定的是，它们的数量正在减少。

被保护的亚马孙雨林

在减少森林滥伐最成功的地方，保护区内的任一资源都不能被移除，并且原住民的权利和生计都得到保障。这是2013年密歇根大学科学家们针对亚马孙雨林的一项研究的结论。研究人员比较了三种类型的保护区的森林砍伐量：严格保护区、可持续利用区和原住民土地。

严格保护区包括国家及州立的生物站、国家及州立公园和生物保护区。这些地方禁止移用任何资源。可持续利用区则允许砍伐树木等资源，改变土地使用，甚至人类定居。许多人认为严格保护区会引起争议，不太可能实行。但即使在森林滥伐的高压区，严格保护区也获得了成效。在依靠森林维生的原住民区，这一禁令执行得尤其好，这些地区的森林砍伐率最低。

超过一半的巴西亚马孙雨林——面积

停止森林砍伐也拯救了非木本的植物，包括凤梨科植物。

比格陵兰岛还要大——如今被保有在国家公园或原住民土地内。这些指定区域保护森林不受伐木和农业的影响。通过保护原住民的权利，巴西政府在确保他们合作保护森林的同时，也保障了原住民的生活方式。在亚马孙和其他地方，保护项目的持续成功取决于一

如果我们能保持亚马孙地区美洲虎的数量在一个良好的数值，我们就近乎保护了整个雨林。

——戈登（Jamie Gordon），世界自然基金会（WWF）巴西和亚马孙区域经理

巴西环保人士叫停大坝修建

2016 年，巴西环境机构拒绝批准圣路易斯市一座位于塔帕若斯河上的巨型大坝的修建。这是巴西原住民蒙杜鲁库部落的胜利，他们保护了自己的土地和森林。这也是一场环境的胜利，因为它拯救了该地区丰富的生物多样性。蒙杜鲁库部落和包括雨林救援在内的国际机构都反对大坝的修建。但环境保护的斗争永远不会结束。巴西的能源机构巴西电力可能会修改其计划并再次尝试建坝。此外，政府正计划在塔帕若斯河及其支流上建造 42 座小型坝。

系列因素的结合。政府必须有保护和维护森林，以及执行法规的意愿。工业必须配合，而国际运动如联合国 REDD+ 计划、非政府组织和个人必须持续施压，直到雨林保护成为世界文化的一部分。

拯救非洲雨林

非洲将一些独特、受威胁的雨林保护在国家公园和保护区中。1999 年，刚果盆地地区的 6 个国家联合起来，构建了一个追踪刚果地区伐木和偷猎行为的系统。2000 年，他们建立了桑加公园，保护 3 个国家境内超过 100 万公顷的雨林。自 2017 年起，刚果盆地内最大的两个保护区是位于中非共和国西南部的德桑加综合保护区和位于加蓬的谋卡拉巴 - 豆豆国家公园。

大部分的西非雨林如今已被摧毁。上几内亚森林涵盖了塔伊国家公园，它位于科特迪瓦，已被列为联合国教科文组织世界遗产地。在这个 3302 平方千米的公园里，一半的植物和近三分之一的动物是本地特有的——它们在地球上其他地方都不存在。卢旺达的纽恩威国家公园和布隆迪的基比拉国家公园都在捍卫着卢旺达纽恩威森林的部分区域，那里有近 300 种鸟类和多种灵长类动物。它们共同构成了保护非洲森林的国际重点保护区。

拯救濒危物种

建立雨林保护区的原因之一是为了保护其丰富的生物多样性。保护生物多样性的方法之一就是保护濒危物种。因为拯救动物也意味着拯救它的栖息地，宣传这里的濒危物种就成了一条获得拯救雨林支持的

黑白相间的疣猴是生活在塔伊国家公园的动物之一。

佳径。

雨林信托基金会是这场战役的领军者之一。2015 年，它宣布在马达加斯加建立 7 个保护区，总面积达 30 277 公顷。这些新保护区将遏止因砍伐和采矿而造成的雨林损失。雨林信托基金会也将保护 7 种仅在马达加斯加发现的极度濒危狐猴，马达加斯加独有的极度濒危的金色曼蛙，以及其他地方性独有物种。“全球捐赠”是一个全球性的众筹群体，它将非营利组织、捐赠者和世界各地的公司联系起来，共同执行重要的项目，其中一个项目是倭黑猩猩保护计划（BCI）。倭黑猩猩生活在刚果民主共和国的雨林中，由于人类猎杀和栖息地的破坏而濒临灭绝。BCI 将为 112 名当地的

几种狐猴极度濒危，其中包括红领狐猴。

山地大猩猩：非洲雨林的标志性物种

雨林的消失意味着许多标志性动物的消失。极度濒危的山地大猩猩生活在非洲东部和中部的3个国家内。据估计，目前仅有575只到640只山地大猩猩留存。它们都在野外生活。山地大猩猩性情温和、顽皮，且非常聪明。它们是群居动物，也是素食主义者，懂得使用工具并相互交流。山地大猩猩面临的最大威胁是由于森林滥伐和退化造成的栖息地丧失，此外还有人类疾病和偷猎。因为它们对人类疾病缺乏免疫力，且数量已经不多，很容易因某种对人类相对无害的疾病而灭绝。最严重的偷猎威胁是陷阱，虽是人们为了捕捉羚羊、野猪和其他猎物而设的，却会造成山地大猩猩的意外死亡。

生态卫士提供工资、设备和物资。这些生态卫士保护倭黑猩猩并追踪统计它们的数量。像这样的举措还有很多。

偷猎或非法狩猎可能会威胁到许多保护区。2015年，一个科学家团队调查了非洲喀麦隆德贾动物保护区深处的一片区域。这个世界文化遗址覆盖刚果盆地52.6万公顷的面积。该团队寻找50多种生活在保护区的哺乳动物的踪迹，如黑猩猩和西部低地大猩猩。团队成员最终发现了36个物种的一些踪迹。同时，他们也发现了16个狩猎营地和大量的枪弹。到2017年，他们只搜寻了保护区的一小部分，并且仍希望在该地区偏远的沼泽地带找到更多的动物。

德贾保护区是中非雨林的典型案例。大象因象牙交易而被猎杀，种群数量每年递减9%。大城市对野味——包括黑猩猩、大猩猩、森林羚羊和野猪——的需求递增，增加了非法狩猎的发生率。虽然从林肉的价格高于饲养场生产的肉，但它被认为是地位的象征。约一半的非法野味被出售，另一半则成了保护区附近村民的盘中餐。

各国政府、非政府组织和其他关心偷猎威胁的捐赠组织对此已经确定了两种解决方案。第一种是强制执行相关狩猎的各种法律。安装在动物身上的新型追踪装置可将全球定位系统（GPS）信息传送给反偷猎队伍，从而大大提高执法效率。第二种方式的长期目标是改变德贾动物保护区周边的社群文化。这包括为当地人创造不涉及捕猎的生计，以及加深他们对野生动物价值的理解，让人们更愿意去保护而非狩猎野生动物。

拯救穿山甲

穿山甲，亦称鲮鲤，是世界上被走私最多的哺乳动物。穿山甲的全部 8 种都在世界自然保护联盟濒危物种红色名录上，其中一些已经极度濒危。穿山甲因其肉和鳞片而被非法猎杀和贩卖。在一些国家穿山甲肉被视为地位的象征，而它们的鳞片则被当成药材。许多国家已经禁止穿山甲的猎杀和贩卖，但世界自然保护联盟估计，2004 年至 2014 年仍有 100 多万只穿山甲被捕杀。拯救穿山甲的关键是阻止它们在野外的消失。这就需要更多地了解穿山甲的生活习性，训练护林员找到穿山甲被猎杀的地方，并为护林员提供阻止偷猎者的物资。同时也需要提高当地人对穿山甲偷猎问题的认识，以及保护穿山甲的好处。

延伸阅读

热带干旱林

热带森林这个词通常让人联想到常年温暖潮湿的茂密丛林。在雨林中，这样说没错。但并非所有的热带森林都全年有降雨。每年有几个月里，热带干旱林极少或几乎没有降雨，紧接着就是十分潮湿的雨季。与热带雨林类似，热带干旱林全年都很温暖，但每年的降雨量只有 25 到 200 厘米。

干旱林分布在热带和亚热带地区。这些地区包括玻利维亚东部、巴西中部、厄瓜多尔、秘鲁、加勒比、印度中部、马达加斯加、墨西哥南部、安第斯山脉北部和非洲东南部。这些地区的植物必须适应干旱的季节，大多数树木是落叶的。在旱季，它们树叶脱落，林冠层敞开，阳光得以到达地面。因此，这里林下层的生长比热带雨林地区要茂盛得多。与热带雨林相比，热带干旱林的生物多样性水平低一些，但比温带林要丰富得多，0.1 公顷的土地上有着 50 到 70 种树木和大型灌木。

猴子、大型猫科动物、鹦鹉、啮齿动物、两栖动物和爬行动物在热带干旱林中漫步穿梭。必须保持皮肤湿润的两栖动物，通常在干燥的夏季休眠，这种行为被称为夏眠。干旱林内可容纳 200 到 300 种鸟类在此栖息。

热带干旱林比热带雨林更趋于濒危，因为它们很容易被转变为农田。许多动物由于栖息地的丧失而濒临灭绝。在詹曾博士的努力下，哥斯达黎加的大部分干旱林已被恢复为瓜纳卡斯特保护区。

热带干旱林生长着落叶乔木——在旱季落叶的树木。

雨林生态旅游为当地人提供了一些工作机会，比如做一名导游，同时也能让其他人认识到生态系统的重要性。

第七章

外部助力与合作

热带雨林受到全世界的喜爱。人类认识到了雨林震撼人心的美和其在保卫全球气候及生物多样性上举足轻重的地位。因此，支援和保护往往来自森林外部。非政府组织是外部援助的来源之一。这些公众活动家不知疲倦地为雨林发声，从筹款、采取政治行动到植树造林，他们都参与其中。另一个来源是生态旅游，它使游客能够参观雨林。生态旅游缔造了双赢局面，当地人可以从观光者处获得经济利益，改善生活的同时也保护了他们的森林，游客则可以亲身近距离地体验雨林环境。

非政府组织（NGOs）和他们的行动

非政府组织在范围划分上有地方性、全国性或国际性的。它们的创建目的是针对特定类型的问题，通常是为社会或环境问题采取行动。据

雨林 NGOs

一些知名且活跃的环境保护非政府组织正在努力拯救热带森林，其中包括雨林联盟、雨林行动网络、雨林拯救协会、雨林信托基金会和世界自然基金会等。

世界银行的报告，一般的非政府组织分为两类：一类是进行发展项目的经营性非政府组织，另一类是促进特定事业的倡导性非政府组织。一些非政府组织两者兼具。公众可以通过缴纳年费成为某些非政府组织的成员。

根据规模和可用资金的差异，非政府组织的运作可依靠志愿者团队或有偿员工，也可以两者兼具。非政府组织不能营利，但他们需要资金来实现自己的目标。这些资金来自会费、政府补助、私人捐款以及商品和服务的出售。甚至有些非政府组织依靠政府提供资金。很多环保非政府组织之所以成立，是由于公众对政府在处理他们所重视的环境问题中的不作为感到失望。政府不作为的原因有几个：缺乏政治意愿，政治和经济优先级间的冲突，对科学的不信任或无知，或认为行动的成本大于收益。而当面对诸如热带雨林的破坏等国际问题时，行动更加艰难。相关的国际条约或因缺乏效力而难以执行，并且也没有全球权威方来协调工作。非政府组织介入了这种情形，他们深入研究，游说政府并监督政府的行动，对行业进行施压，将信息告知公众。也许他们最重要的功能是建立政府和其他非政府组织间的联盟，以确保行动的展开。

雨林行动网络（RAN）是致力于雨林保护的非政府组织之一。RAN 有 3 个目标：保护雨林、保护气候和维护人权。该组织从战略上选择了他们最擅长的运动，并频繁地与其他组织建立合作关系。1985 年，RAN 的首次运动迫使一家公司取消了一份 3500 万美元购买中美洲牛肉的合同。这项运动的成功使雨林土地避免沦为牧场。RAN 还向其他非政府组织和受森林砍伐影响的印度尼西亚群落提供团体津贴。

一些从事雨林保护工作的非政府组织是综合性的组织，它们在许多环境领域都有项目，如世界自然基金会（WWF）。WWF 是刚果盆地森林伙伴计划的成员之一，他们在各国政府之间达成协议，使国家公园的工作人员和巡逻队员能够跨境工作，阻止偷猎行为。WWF 帮助当地群落保护森林，并且改善他们的经济状态。这也是刚果民主共和国的一个植树项目的一部分。该项目已经种植了 1000 万棵树来帮助当地人生存，保护山地大猩猩的栖息地。WWF 还致力于提供节能型炉灶，帮助人们寻找替代木材的能源，保护余下的森林。

维权团体……监督着那些影响雨林的项目，并且向其他组织、人民和政府传播信息。

——《热带环保科学》杂志

RAN、WWF 和其他许多非政府组织都欢迎个人加入，任何人都可以通过每年捐款的方式成为会员。他们允许有兴趣的人收养或赞助濒危雨林动物，比如大猩猩或大象。募集到的资金则用于保护这些动物，这是支持雨林项目最简单的方法。大多数组织还会通过在网站上发布特定项目信息来招募志愿者。

世界自然基金会对加蓬等国家的砍伐活动进行监测，以确保可持续地合法采伐树木。

32
1
EFNB
1
P32
WWF

个人如何拯救雨林

拯救雨林的一般方法可以用缩写语 TREES（树木）来概括：

讲授（Teach）有关雨林的知识。

通过植树来恢复（Restore）森林。

鼓励（Encourage）不破坏雨林的生活方式。

建立（Establish）受保护的雨林公园。

支持（Support）可持续发展的公司。

基于这些准则的日常活动包括支持那些销售、生产可持续产品的企业，以及对那些非可持续的企业施压。人们不应该购买可能是非法进口的宠物，比如鹦鹉或鬣鳞蜥。其他行动包括减少使用木制品和纸盘等纸制品，以及使用回收含量高的产品。人们还可以减少对汉堡等快餐的消费，从而减少雨林地区对畜牧场的需求。

雨林生态旅游

生态旅游重新启动了当地经济，拯救了雨林。生态游客为了观赏未被破坏的雨林而支付费用，这给了当地人保护雨林的动力。游客花在门票、游览、食物、住宿和购买工艺品上的钱直接变成了当地的经济收入。生态旅游还为当地人提供了诸如导游、公园管理员和酒店工作人员的工作岗位，得到理想工作的人们不再需要以偷猎野生动物来谋生。生态旅游还有利于当地的教育事业。非政府组织和其他支持生态旅游的组织为导游和公园管理员提供相关的培训，一些环保组织则直接向当地学校捐款。

然而，生态旅游必须以可持续的方式进行。如果增长过快，可能会成为大众市场的通道，既破坏环境又损害当地经济。这或许会导致人们在生态环境脆弱的地区建造酒店，或破坏树木等资源。例如，一些哥斯达黎加的公园现在有太多的游客，

生态旅游可以为当地人提供更大的购买珠宝或纪念品的顾客群。

生态旅游志愿者

一些生态游客不仅仅观光——他们还参与工作。像GoEco这样的组织向人们提供在偏远的地方做志愿者保护工作的机会。志愿者可以在南非的野生动物保护区工作，或者对动物进行保护和研究。这些动物包括马来西亚的猩猩、马达加斯加的各种野生动物或者哥斯达黎加的貘（如图所示）。志愿者还可以参加哥斯达黎加的雨林探险，或者照顾赞比亚的黑猩猩孤儿。志愿者可以从大部分的大洲和项目间进行选择，项目时间从1周到12周不等。

印度尼西亚森林里的一些猩猩因为游客带来的疾病而死亡。维持可持续的生态旅游需要详细的规划和管理，结合适当的设施配备。

大多数雨林地区都有发展生态旅游的潜力，包括亚马孙、中美洲、马达加斯加、中非和东非区域。大多数的游客都会参加旅游公司提供的旅游或游猎。例如，一家旅游公司提供在乌干达布恩迪难以穿越的国家公园追踪大猩猩和黑猩猩的旅游项目，这里是一个拥有丰富生物多样性的联合国教科文组织世界遗址。类似的旅游项目还有进入基巴莱森林观察野外的灵长类物种，去伊丽莎白女王国家公园参观狮子、豹子、大象和其他野生动物。

在亚马孙，很多人会去巴西的马瑙斯旅游，在那里他们可以进入热带雨林，也可以在亚马孙河巡游。秘鲁的马努生物圈保护区是联合国教科文组织世界遗址，它因为在这儿栖息着的数千种珍奇鸟类而受到鸟类观察者的青睐，其中的许多鸟类在亚马孙雨林的其他地方几乎灭绝。玻利维亚的马迪迪国家公园提供丛林徒步旅行、动物观赏和鸟类观赏等项目。一些原住民群落还允许游客参与其中，协助他们建造房屋或船只，制作弓箭或篮子。这种生态旅游有利于当地的经济发展，也提高了旅游者对原住民的认识和理解。

非政府组织和生态旅游展示了每个人都可以为拯救世界雨林作出贡献。个人的贡献可以是成为非政府组织的年会员，在一个长期的志愿者假里亲自动手植树、照料野生动物或进行环境研究。每一种贡献都是在帮助雨林。

原住民和生态旅游

亚马孙客栈是一家生态旅游山林小屋，位于秘鲁的马德雷德迪奥斯地区，由当地的艾赛亚群落和秘鲁的旅游公司“雨林探险”共同拥有。这一联合项目为艾赛亚带来了更高的收入和更好的社会服务，特别是与伐木等其他土地使用的结果相比时，优势更显著。这个项目还保护了该地区濒临灭绝的野生动物。艾赛亚人正在改变他们对野生动物的态度，已不再猎杀濒临灭绝的物种，比如巨獭和热带大雕。其中一块艾赛亚人拥有的土地上有一个小型民族植物学中心。在那里，一个类似于萨满的当地巫师会讲述关于当地药用植物的丰富知识。

生态旅游最有可能成为原住民的福利，他们可以掌控自己的土地，而且旅游业的发展将符合他们自身对未来的设想。

——文化生存公司，一个援助世界各地原住民的组织，1999 年

可持续森林管理的第一步是保护现存的雨林。

第八章

热带森林的未来

在 2014 年，一本名为《森林砍伐演变案例》（*Deforestation Success Stories*）的文集中描述了各个热带国家如何减缓森林砍伐速度，走上可持续森林管理的道路。所有的国家都经历了森林转型的过程，即它们的森林砍伐率先升后降，最后转型成重新造林。处于这三个阶段中的国家，都在致力于森林管理。它们包括高森林覆盖率、低森林砍伐率的国家，如圭亚那和加蓬、喀麦隆等中非国家；也包括高森林砍伐率的国家，如巴西、坦桑尼亚和马达加斯加；以及一些已经开始重新造林的国家，如哥斯达黎加、萨尔瓦多、印度和越南。对大多数国家而言，未来的成功需要综合运用这些策略。

未来可期

史密森研究所的莱特（S. Joseph Wright）总结了推动森林未来发

我们也许很难在雨林中发现昆虫，在森林滥伐中，它们也遭受了迫害。

要保护森林，必须认识并解决导致森林滥伐的潜在社会、经济和政治原因。

——《热带环保科学》杂志

展的 5 种人为因素：土地使用的变化，如森林滥伐或重新造林；木材取用，例如伐木或砍柴；狩猎，尤其是偷猎；大气变化，包括温室气体水平的上升；气候变化，包括气温上升、降水变化和更强的风暴。莱特指出，让森林处于被保护的地位可以避免前两个因素，但偷猎行为经常无视森林的被保护地位而猖獗进行。当然，保护森林并不能避免大气和气候的变化。

温带森林已经经历了许多人为因素造成的最糟糕的影响，但是莱特认为热带森林的 3 个特点可能使这种转型更为容易。首先，将热带森林转为农业用地要困难得多，而这可能有助于保护森林。其次，即使进行转用，新的农用地也可能很快被遗弃，并且弃地会迅速再生。在几十年间，新生林可以创造出一个供大量野生动物栖息的森林结构。第三，一个宏大的雨林保护区网已然建立，这些保护区可以缓冲持续采伐所带来的影响。

抛开即将到来的大气和气候变化，莱特看到了雨林未来的几项趋势。首先，持续地转型成农业将造成热带雨林土地的大量净损失，特别是在南美洲和东南亚。而随着在废弃土地上重新造林，这一损失在一定程度上将被抵消。然而，重新造林产生的是年轻的次生林，而非成熟的雨林。

可持续的热带木制品

日益增长的木制品需求正在损毁热带雨林。一份名为《为未来种树》的报告（*Planting for the Future*）提议将新的管理实践、有效的政策和开明的消费者相结合。其中一种技术是木材跟踪，就是跟踪木材从其来源到消费者的过程，使得消费者可以知道他们的木材来自哪里。另一种是多品种种植，在同一块土地上种植多种植物，而不是单一栽培。研究表明，与单一栽培相比，多品种种植改善了土壤、生长速度和木材产量，也较少受病虫害侵害。对可持续木材等商品的消费需求的增加，能鼓励企业采用可持续的做法。

从鸟瞰图上可以清晰地看到初生雨林和次生雨林之间的界线。次生雨林的幼树要矮小得多。

次生林的树木更矮小，储存的碳量更少；林冠层更加稀疏，导致生活其中的物种多样性更少。非洲、印度尼西亚和南美洲的伐木和许多地区的薪材采伐量也都在上升。大多数影响发生在居住区附近，但树木砍伐越来越多地渗入到森林内部。猎人们也会深入森林，猎杀珍贵的物种。然而，尽管雨林仍在继续被开发利用，但损失不太可能达到极端程度。据模型预测，本世纪初 64% 到 89% 的森林覆盖率到 2050 年仍将存在，尽管许多有价值的树木、狩猎物种和薪柴将所剩无几。

世界气候的变化已经影响到了雨林，这一点在生物量、现有树木的种类以及树木更新换代的速度方面有明显的体现。这些变化发生在偏远和受保护的森林中，表明它们是由气候和大气变化造成的，而非人类直接利用所致。但目前还没有人确切知道这些变化究竟是如何发生的，以及现在的森林机制与以前有何不同。对于这些

人口与生物多样性

莫里（Scott Mori），一位纽约植物园的科学家，目睹了雨林生物多样性的下降，对未来感到担忧。他指出，如果不使用过量的化肥和杀虫剂，热带地区的土壤就无法养活大量的人口。2013 年他问道：“如果现在热带地区的生产力不足以为世界 65 亿的人口提供大量的资源，人们凭什么相信，到 2050 年热带地区能够支撑 90 亿至 110 亿的人口？”他低估了世界人口的增长率。到 2013 年，世界人口数已经超过了 71 亿。到 2017 年，则已经超过 75 亿。莫里说，保护雨林生物多样性需要控制人口增长和人均消费。除此之外，这还将导致热带雨林产品的价格上涨。

变化最终将如何影响森林，人们也没有达成一致意见，科学家们只知道森林正在演变之中。

适应未来的森林变化

一位热带森林记者认为，过去建立公园和其他保护区的做法在未来不足以保护森林。公园为依赖森林维持生计的当地贫困居民提供的经济利益太少了。他提倡利用新的农业技术，并为热带森林内外部的居民提供更多的经济机会。这些技术将同时造

雨林里的木栈道让游客可以尽情游玩又不破坏雨林生态系统。

改变行业的领导者

棕榈油行业的国际巨头从全球 80% 的供应商处收购棕榈油。如果它承诺只从保证不砍伐雨林的公司处收购棕榈油，其他公司就会效仿，从而降低森林砍伐率和二氧化碳排放量。森林信托教导企业如何停止森林砍伐。2013 年 12 月 5 日，棕榈油行业巨头签署了一份承诺书，承诺只从不砍伐雨林的公司收购棕榈油。此后的一年间，几乎所有棕榈油交易商都签署了类似的承诺书。

福人类和森林。虽然困难重重，但他强调热带农业和工业采取可持续方法的必要。在已经被砍伐的森林地区，他提倡用管理的方式提高新生态系统（农场、牧场、种植园和灌木丛）的生产力和可持续性。改善这些土地将降低砍伐更多森林的需要。在尚有一些森林遗留的地区，积极地重新造林将加快森林的恢复速度。

许多科学家和环保人士早就认识到气候变化是未来几十年间的主要挑战。随着更多的温室气体进入大气层，气候变化加速。拯救雨林可能是解决这一危机的最好办法，因为树木会吸收大气中的二氧化碳，将其储存在木材和森林土壤中。更多更大的树意味着更多的碳储存，这反过来又意味着更小的气候变化。对热带树木而言尤其如此，有些树木全年都能吸收二氧化碳，没有冬季的休眠期。

森林破坏释放了大量额外的碳，令地球变暖。在本世纪初，环保运动的发展和来自公众的压力开始生效，各国政府和工业界开始严肃对待发展及如何维持可持续性。这意味着要减缓森林砍伐和鼓励大规模地重新造林。如果目前的趋势继续下去，将拯救森林和其生物多样性。只要树木生存，大部分的过剩碳就会被锁住。

每当听到政府计划花费数十亿美元用于碳捕获和储存项目，我就会笑着想，难道树出了什么问题吗？

——赛则（Nigel Sizer），世界资源研究所森林项目主任，2014 年

因果关系

规模化农业生产导致大面积的森林砍伐

停止森林砍伐

弃地自然再生

促进资源可持续利用的项目

规模化伐木导致森林砍伐

减缓或禁止砍伐漏失到其他国家

与发展中国家合作，创造低碳发展的组织

可持续性采伐增加

偷猎加重了生态系统的负担

巡逻保护区，执行偷猎法

改善当地的经济和教育

追踪并禁止销售肉类和动物产品

森林砍伐速度下降

种植者和工业致力于可持续发展

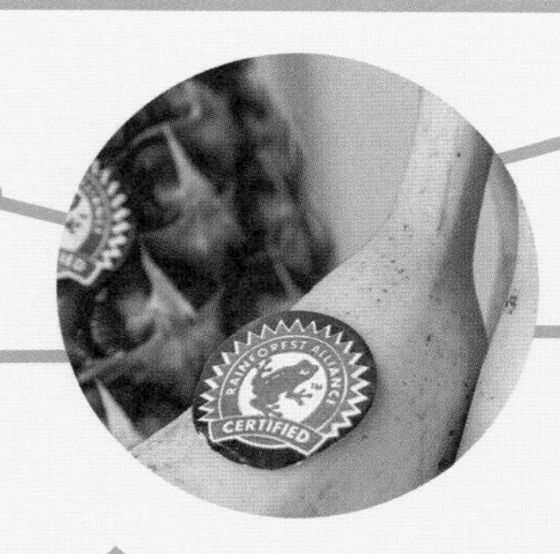

农业与健康的森林共存

森林砍伐和珍稀树木的损失减少

当地人可以在保持森林完整的同时兴旺发展

改善经济并发展生态旅游

防止重要动物的损失或灭绝

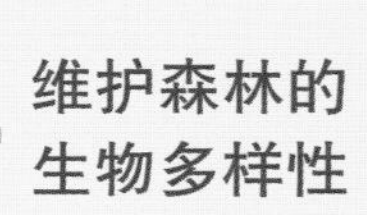

维护森林的生物多样性

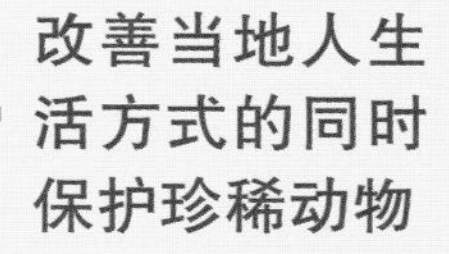

改善当地人生活方式的同时保护珍稀动物

基本事实

正在发生的事

工业和一些个体正在砍伐热带雨林，缩小了动物栖息地面积，并释放温室气体到大气中。

原因

千百年来，居住在热带雨林的人们一直通过伐木获取薪柴和建筑材料，也为了耕种而清伐雨林。随着人口的增长和科技的发展，各种对雨林的威胁呈指数级增长。在 2010 年以后，森林破坏和退化的主要原因是为了发展畜牧业和农业的清伐、商业性伐木、获取薪材的伐木、狩猎（常是非法偷猎）、采矿、建坝和因大气中碳增加引起的气候变化。

核心角色

- 政府、非政府组织、企业通过规章制度来保护雨林。
- 科学家研究现状，并为政府及非政府组织提供解决问题的建议。
- 居住在雨林内和周边的原住民用他们的知识协助保护雨林。
- 政治家制订法律和政策，保护和恢复热带森林。

修复措施

首要的目标是停止或至少减缓森林滥伐。对于已被砍伐的地区，重新造林是必要措施。有时只需要让废弃的森林重新生长，就是这么简单。但人们也可协助这一修复过程，使雨林恢复到其原始状态。在当地和原住民群落被赋予管理雨林的权利时，重新造林和停止森林滥伐最为成功。

对未来的意义

拯救雨林需要坚持不懈地在更大范围内进行必要的变革。未来最重大的挑战将是控制温室气体的增加和由过量温室气体引起的气候变化速度，拯救雨林是应对这一挑战的一部分。雨林中的碳储存减少了大气中的温室气体含量并降低了全球温度。但是，拯救雨林的大部分工作必须在雨林之外进行，通过控制能源部门和运输部门对化石燃料的使用来达成目标。

引述

为了经济利益而破坏雨林……就像为了做一顿饭而烧掉一幅文艺复兴时期的画作。

——生物学家威尔逊，1990 年

专业术语

生物多样性

一定地区的各种生物以及由这些生物所构成的生命综合体的丰富程度。

生物量

在某一特定时间内，单位面积或体积内的生物个体总量。

碳汇

有机碳吸收超出释放的系统或区域。如大气、海洋等。

森林滥伐

将森林或树林永久性地移除，并将土地转为另一用途。

碎屑

植物和动物残体被分解成的破碎的颗粒状有机物质。

生态旅游

以吸收自然和文化知识为取向，尽量减少对生态环境的不利影响，确保旅游资源的可持续利用，将生态环境保护与公众教育同促进地方经济社会发展有机结合的旅游活动。

破碎化

连续的森林覆盖转化为被非林地分割成森林斑块的过程。

温室气体

吸收地面和空气放出的长波辐射，从而造成近地层增温的微量气体。

单养

单一种类作物或动物的栽培或养殖。

非政府组织

指不受政府掌控的独立组织，一